李江军 编

清韵·中国风

中国电力出版社
CHINA ELECTRIC POWER PRESS

内容提要

本书精选了台湾、香港和大陆等地众多顶尖室内设计师的新作，并邀请具有多年装修经验的设计师解读家居设计细节和软装搭配布置两大内容。图文并茂，通俗易懂。本书内容丰富精美，文字专业实用，是适合中国家庭装修设计的大型参考图册，同时也是指导业主和设计师进行家居软装搭配的工具书。

图书在版编目（CIP）数据

家居设计与软装搭配500例．清韵·中国风 / 李江军编．— 北京 ：中国电力出版社，2015.6
ISBN 978-7-5123-7551-2

Ⅰ．①家… Ⅱ．①李… Ⅲ．①住宅-室内装饰设计-图集 Ⅳ．①TU241-64

中国版本图书馆CIP数据核字(2015)第071820号

中国电力出版社出版发行
北京市东城区北京站西街19号　100005　http://www.cepp.sgcc.com.cn
责任编辑：曹巍　责任印制：蔺义舟　责任校对：闫秀英
北京盛通印刷股份有限公司印刷·各地新华书店经售
2015年6月第1版·第1次印刷
889mm×1194mm　1/24·8印张·280千字
定价：49.00元

PREFACE

前言

很多装修业主在与设计师沟通新家装修方案前，会花费很多时间和精力通过各种渠道寻找参考图片，但由于众多设计案例的风格与质量参差不齐，往往无法达到理想的借鉴效果。同样，随着软装搭配在室内设计中占据越来越重要的地位，很多室内设计师想转型成软装设计师，但是这个行业缺乏足够的专业人才，高校里也没有开展软装设计的分支专业，除了少数软装教材以外，也很少能够找到针对案例图片进行软装细节解析的设计图书。

本套书按时下最流行的家居设计风格分为7册，每册精选中国香港、中国台湾与大陆三地数百个一线设计团队或设计师的500个经典案例，内容包含客厅、卧室、玄关、隔断、阳台、过道、书房、餐厅、厨房、卫生间、休闲区等主要家居功能空间，力争表现当今室内设计领域的最高水平。此外，本套书编委会邀请了7位经验丰富的室内设计师，从硬装设计和软装布置两个角度进行了图文并茂的讲解，其中设计亮点和借鉴技巧部分告诉读者如何有效勾勒出最适合自己的居家细节；软装亮点和借鉴技巧部分详细解说了色彩搭配和饰品布置等要点，使读者深入理解这些优秀作品在软装设计上的美学及巧思。

本套书可作为家装设计师与装修业主的学习参考，也适合建筑与空间设计专业的学生作为设计与技能培训的参考书。因为分册较多，信息量大，部分刊登作品的设计团队与设计师未能来得及一一通知，在此深表歉意。同时，感谢陈文学、陈熠、赵芳节、江姗姗、贾玉维、李萍、李浪七位优秀设计师的精彩点评。

CONTENTS

目录

LIVING ROOM
客厅

将中式木花格元素放大或缩小运用至周围的墙面，白木隔断隔而不透的朦胧美，与旁边纱帘相呼应，具有连续性。

通过一种元素变换地运用到空间中，让其有相互的关联性，同一元素的穿插能使空间连贯起来。

本案采用了纯洁的青与白主色调，白底蓝花，蓝白相间，有明净、素雅之感，凸显出强烈的中国文化韵味。青花瓷凳与金属茶几在材质上形成了对比，打破传统的设计思维模式，使整个居室传递出“巧如范金，精比琢玉”的美学文化。

将青花瓷式样融入室内设计彰显幽静、雅致。运用材质的对比，增加空间层次感。

屏风式的画面色彩设计在电视背景墙上，墙顶的线条层次分明，与简洁的地面相得益彰。

在空间内植入传统的家具和瓷器等装饰，最能简洁明了地表达中式风情。

软装亮点 肌理感丰富的地面材质使空间有一种自然不加修饰的淳朴与原始风情。油纸伞与落地灯的装点，带来的色彩与光影流露出江南的温婉气质。

借鉴技巧 棕榈叶可以比较好地表现中式风格中的浑厚气势，加深自然气息。

将传统的中式水墨画元素运用在沙发等软装陈设中，营造不一样的中式风情，不以雕花木家具体现中式感受，打造轻盈浪漫的别样优雅空间。

借鉴技巧

以中国传统水墨画为装饰元素，将其运用至整体空间中，优雅又不失个性。

灵动多变的色彩在空间中交相辉映，不拘泥于传统中式相对沉闷的色彩表现形式，以白色为基调，穿插丰富的色彩，给人以不同于以往的中式感受。

在统一主色调的基础上，加入多变的色彩来丰富空间的视觉感受，又不失传统中式的氛围。

水墨画图案的地毯搭配现代中式家具，与顶面线条相呼应，让整个空间自然协调地融为一体。中式茶具的摆放表现出自然休闲的生活方式，青花瓷灯具与淡雅挂画，传递出中国传统的美学文化。

黑白灰色调的空间用色更能体现新中式风格的时尚感，灰调的感觉更能增强空间的奢华感受。

设计亮点　通体挑高的木格栅、画作和竖长的壁灯使空间的纵深感很强，突出开阔的层高。灰色调的环境让整体氛围和谐、温暖。

借鉴技巧　灯、画、家具的线条感使得空间具有很强的秩序性，形式的统一也让空间得到了协调。

软装亮点　明艳的荷花装饰背景用色大胆，与电视背景形成呼应，玫红色的纱帘让空间多了一丝抚媚与神秘。用无形的色彩语言传达出不一样的中式风情。

借鉴技巧　热情奔放的色彩给原木家具注入了新的情感，增添了自然、明亮的视觉感受。

顶面纵横交错的造型与墙面的装饰柜相呼应，墙面的线条既起到了装饰作用，又形成了对景关系。棉麻质感的家具摒弃了刻板却不失庄重，体现了精致的生活方式和文化品位。

点线面的组合与重叠使空间更有秩序感，黑色与白色的穿插更增添了空间的层次感。

工字形的木质背景既是一种装饰画，又和左右两边对称的木格隔断相呼应。灰镜的运用使整个空间更有伸缩性。设计中大量使用中式元素的对称性，如灰镜隔断、壁灯和落地灯，在相对称中寻求变化，使整个空间联系并且有层次。

淡雅的色调使得空间和谐统一，摒弃繁复的细节，只用简练的线条，更加回归自然。

顶面采用“加法”的形式将客厅与餐厅融为一体，然而两盏灯和一块地毯又将空间分成两个区域。同色系的中式茶几、角几和餐桌又增加了空间的整体性。

顶面采用统一的设计手法，将多个小空间整合起来，在地面上用一块地毯和家具划分出功能区。

本案挑高空间采用大幅油画作为背景墙，体现出高端、大气的特点。灯笼型的灯具与侧墙上的水墨画体现出中国传统文化的元素。到顶的玻璃窗户提高了空间的亮度。

高挑的空间使得阳光能够充分照进客厅，整体家具用色与地面和顶面的颜色统一，呈现出自然、明亮、简约的感受。

不拘泥于意向表现的具体形式，以随意的手法演绎现代中式的韵味，脱离雕花具象的传统元素，运用抽象的中式陈设来营造独特的艺术感受，传统与现代共存，味藏其中。

加入灰调的色彩，降低空间色彩纯度，缩小明度差距，营造神秘、安谧的新中式韵味。

黑白的色彩对比与刚柔的家具造型是空间的视觉亮点，布艺材质与中性色的墙面和地毯又将本来矛盾的黑白与刚柔很好地揉捏在恰当的平衡中，强烈但不浮夸，统一中又不失变化。

在对比强烈的空间关系中，可运用少许中性色来调和过于强烈的视觉冲突感受，在营造空间层次感的同时丰富色彩。

设计亮点 护墙板与顶面材质统一，窗帘和抱枕相呼应。镜子的运用使得整个空间更加通透，而镜子上的中式线条又与设计主题相融合。

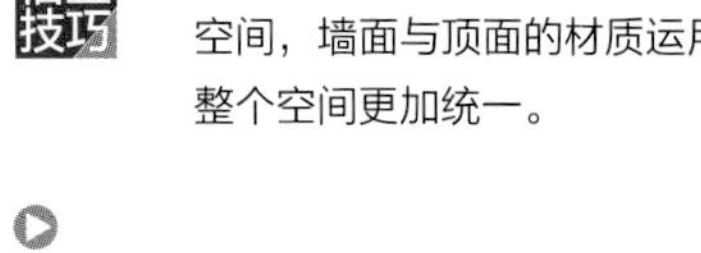

借鉴技巧 红木的穿插将传统中式的韵味融入空间，墙面与顶面的材质运用使得整个空间更加统一。

设计亮点

隔断的回字格与装饰柜的格子遥相呼应，大理石的背景墙呈现出低调奢华的韵味。布艺沙发与绒面沙发带来了两种不同感受的视觉冲突，使得空间表现更加多元化。

借鉴技巧

不同的材质能够呈现出不同的设计风格，将不同材质的对比融入同一个空间，能够丰富空间的视觉感受。

设计亮点

顶面的木纹肌理墙纸透露出新中式风格的自然气息，客厅与餐厅的顶面连成一个整体，将两个空间统一起来。黑色作为点缀更加深了空间的层次感。

借鉴技巧

在空间感受局促的情况下，用整体吊顶的方式来融合两个空间，扩大视觉感受。和谐优雅的素色调更能展现新中式空间的简练。

以简单的墙面衬托出中式家具的韵味，三个小人摆件静放其中，似与空间对话，传递内心深处对于家最真实的渴求，既简单又安逸。

大面积的留白既是中式的包容，亦是留给人与空间之间的对话，简洁的硬装也可衬托出主体家具的特征。

色彩上简洁明快，大量的装点自然植物，使得空间充满自然气息。顶面镂槽与石膏线条的层次感增强了装饰感，与电视下面的金属饰面相呼应。

简洁的墙面造型与丰富的顶面造型可以增加空间的层次感，再配以软装来调和室内的视觉感受。

色彩清新的圈椅、茶几和绿植相呼应，使空间充满生机与活力，弱化了实木家具带来的厚重感。现代感十足的挂画与古色古香的实木隔断形成了强烈对比，现代中式的气息演绎得淋漓尽致。

实木地板的纹理清晰，局部色彩浓重强调了原生态的自然之感。鲜亮的色彩引入，可以将时尚、清新的感觉带入中式氛围的空间。植物被大量引入，打造充满自然气息的居家环境。

中式家具的古色古香与现代风格的简单素雅自然衔接，顶面简洁、明快的线条及地砖的斜铺手法，改写了传统观念中的刻板印象，使生活的实用性和对传统文化的追求同时得到了满足。

运用现代装饰手法，如沙发垫、抱枕、家具陈设等表现方式来营造自然、朴实、亲切之中式意境。

顶面的木质线条与家具、画框和地毯都是同一色系，统一协调，干净清爽。墙纸选择暖色系，烘托出舒适、温暖的环境。窗帘用与墙纸同色泽的麻质，具有空间的延伸感，并且麻质也契合空间营造出的中式禅意淳朴之感。

顶面局部使用木质线条，与地面、家具相互呼应。墙面用木线条框，加上简洁的装饰，让整面墙壁脱颖而出。窗帘选取与同色系的大面积墙纸，相融于一体。

墙上的挂画与桌上的鲜花相互衬托，兼具大气庄重与婉约秀气。实木垭口与家具的材质统一，地毯也使用同一色系，空间整体感强。

厚积能不能薄发，取决于特定色彩的积累与线条的表现形式，一点一画的简单也能把家的稳重演绎到位。

背景运用黑白灰三色搭配，黑白线框与投影幕布相呼应，不会使得幕布过于突兀，灰色系花纹墙纸增强空间灵动感，调和黑白强烈的夸张对比。

投影幕布色彩的局限可利用背景表现形式与色彩进行调和，背景墙的丰富减弱了环境色彩的单一感受。

利用光影突出材质的特征，给予空间环境材质自带的气质。木质的温和与皮革的华丽，巧妙地融于一体。

物体本身的美在没有发生作用变化时是被隐藏的，需要由某一介质去激发，两种材质的结合更能碰撞出火花。

鸟笼悠然自在，祥云纹样沿着电视搁板逍遥、洒脱地在墙面上绽放开来，镜子的反射有虚实的融合，给予空间开阔的视觉感受。

将富有中式风情的图案与物件带入室内设计中，材质与形式上的延续组合在一起，成为一幅完整画卷。

沙发背景的青石砖与木格窗让人仿佛置身于皖南的水乡风情中。具象的装饰让主人在家中找到归属的气息，宁静平和的白色墙面犹如白云，映照一副美丽的画作。

带有中国传统设计元素的家具与屏风，使具象的风格特征更具风格化，空间的特征得到强化。

家具以及周围环境在色彩、材质与形式感上形成对比，利用深色线条表现家具以及陈设的结构美，背景墙上的四幅山水画与沙发形成对景关系。

引用中国传统元素使得整个空间似一幅水墨画，穿插透着烟雨朦胧的青色，呈现出谦逊平实的气息。

过道顶面的两条黑钛不锈钢在空间动线上起到了指引作用，客厅部分顶面利用回字形黑钛走边的形式做出了空间上的划分。

借鉴技巧

空间大面积以黑白色为主，湖蓝色及橙色作为空间气氛的点缀，使空间不会显得呆板和缺乏趣味性。

干净的墙面与地面为丰富的软装提供了良好的基础，有些笨拙但充满自然气息的木质家具显得质朴可爱，绿植更为空间带来清新气息。

用大量的软装来丰富画面，使得空间更加丰满有趣。点缀一些跳跃的色彩将沉闷平淡的空间呈现出另一番活泼的姿态。

纯净、明快的白色作为空间的主色调，辅以蓝色的装饰品与靠垫。画中纯净的玉兰花与方几上的鲜花遥相呼应，大自然芬芳的气息充盈着整个空间。

植物元素能够拉近室内与景观之间的距离，打造自然的居住氛围。带有灰度的蓝色与绿色调和了空间的单调色彩。

设计亮点 将旧物木格栅门框置于现代装饰中，传递出古朴的气息，营造出经过沉淀的、质朴的生活情趣。

借鉴技巧 旧物也有它蕴藏的蓬勃生命力，把传统文化符号融入新的环境里创造新中式的艺术氛围，传递岁月的气息。

设计亮点 极富肌理感的木纹地砖从地面延续至顶面，天然毛石的粗糙质感更为空间增添了自然的气息。纯净的灰度空间与流畅的直线关系充满了硬朗的男人情怀。

借鉴技巧 透露着自然气息的材质带来了原始的触感，这类未经打磨的材质更能展现材质本身的美感，更能营造纯净、自然的中式空间。

软装亮点

斜伸出来的枯枝带着浓厚的东方风情，地毯的水墨晕染与枯枝遥相呼应，对称摆放的台灯表现出中式的轴线感。黄色与蓝色的穿插打破了空间的秩序性，显得更有起伏感。

借鉴技巧

丰富的软装渲染了新中式的雅致，在沉闷的空间中加入跳跃的对比色，营造出和谐统一却不单调的色彩感受。

带有灰度的环境色内加入高纯度的色彩，线条感的家具带来现代气息。方几的荷叶台面与墙上的荷叶装饰画遥相呼应，角落的枯枝透露出东方韵味。

引用中国古典元素来装饰室内，营造更具东方韵味的空间。黄色与绿色的融合营造出活泼自然的居住氛围。

带有灰度的蓝色与黄色塑造出清新典雅的空间，辅以米色的墙纸与家具。摈弃繁复的细节雕刻，也没有过度的奢华格调，只用淡雅的色调营造出舒适且不失品质感的家居环境。

带灰度的对比色运用使得空间更加活泼灵动，黄色与蓝色的组合更能展现出空间的优雅与高贵。

设计亮点

跳跃的色彩与中国传统的山水画形成了一种时代的碰撞，使得整个空间更加活跃，黄、绿、蓝的搭配带来了自然的感受。

借鉴技巧

艳丽的色彩搭配丰富了视觉感受，不同时代特征元素的碰撞使得空间更加活跃。

淡雅的白色营造出温馨的新中式韵味，素净的蓝色穿插在背景墙、柜子、靠垫与窗帘上，空间整体色彩平衡又不失层次变化。梅花元素在背景墙和装饰柜上都得到了体现，鸟笼与墙纸中的鸟儿相映成趣。

引入花鸟、瓷器等传统的装饰元素点明了空间的主题，运用淡雅的色彩塑造了空间舒适的视觉感受。

设计亮点

顶面的线条造型在墙面上同样得到大量运用，在与餐厅交接的位置两个对称的窗洞与装饰柜也延续了同一设计元素，强烈的秩序感使得空间更加完整。

借鉴技巧

将代表中式风情的设计元素贯穿墙面、顶面与软装中，大量运用同一设计元素能够使得整个空间更有延续性。

设计亮点

摈弃传统的隔断，使空间得到最大化的释放，就餐时也能感受到阳光的温暖。偏红色的木质色调营造出传统中式的氛围，家具的细节更强调了精致感。

借鉴技巧

新中式的设计手法可以引用敞开式的空间设计，呈现出更通透的空间感觉，带来了更舒适的居住感受。

干净的硬装环境为软饰的加入打下了良好的基础，黑檀木的家具与浅色调的环境形成了强烈的对比，加深了空间的层次感，再辅以其他色彩丰富的装饰品，空间更加丰富。

大面积的留白空间为丰富的软装打下了良好的基础，在少量的硬装中融入了大量的软饰使得空间更加丰富。

历史由文字篆刻，将文字引用到室内装饰，使室内环境突出了传统民族文化渊源的形象特征。古典的家具形态和原木色泽展现出了岁月的痕迹。

石材和木质的运用使得空间具有古朴的精致感，深色的传统造型家具带着岁月的沧桑感。

软装亮点

大面积的留白使得空间更富有哲理性，局部的背景墙在使得空间通透的同时又保护了私密性。蓝色的靠垫点亮了空间，强调了层次感。

借鉴技巧

少许隔断能够保持空间的通透，增强两个空间的交流，产生了无形的对话关系，同时也能保证私密性的需求。

整体稳重大气，墙面与地面运用祥云元素来装饰，和谐统一。阳光穿过大扇的落地窗照进室内，让人遐想无限。

先确定主色调，然后运用跳跃的颜色来进行点缀，加入中国传统文化元素来营造氛围，巧借室外风景映衬室内。

流畅的线条与月洞窗搭配装饰了沙发背景墙，月洞窗后的山水画仿佛在诉说另一番风景。偏红色的木质色调营造出传统的中式氛围。

设计师用传统的色彩与设计元素来呈现古典的中式意韵，并在传统设计的基础上加以改动，使得空间更具有新中式风格的韵味。

通过丰富的色彩来装饰空间，精致的美感扑面而来。墙纸、落地灯、吊灯与镜面材质的搭配好似一场时空的穿越，令人神往。

将传统的设计元素加以改造，如屏风的巧用与骑马图的墙面装饰，强调了中式情怀，同时也是传统装饰的再设计。

原始的木质纹理在圆凳、方几、电视柜和单椅上得到了充分体现，空气中仿佛散发着木材的芳香。装饰画框也延续了家具的自然纹理，充满原始的美感。

原木是传统设计中最常使用的设计材料，只经一遍清漆加以打磨的原木家具使得空间更加自然、舒适。

整块地毯的运用统一了两个区域，对应的顶面也采用了相同的手法。墙面的木饰面与家具的黑色纹理相仿，同样，黑色的线条也被运用在顶面。

利用统一地面与顶面、软饰与硬装的手法来统一整个空间的氛围，将两个原本无关的空间组成一个整体。

设计亮点

地面的大理石瓷砖在墙面上得到延续，纵深空间与横向空间相统一，木质扶手包裹的玻璃护栏增添了几分现代硬朗的感觉。枯枝装饰渲染了东方风情，地毯的回字纹也传递着传统的中式元素。

墙面与地面的材质统一能够使得整个空间更有延续性，黑白灰的色彩配比能够增加硬朗、时尚的视觉效果。

设计亮点

顶面的镂槽设计加深了纵深空间的层次感，地面与墙面色调的统一使得空间更具整体感。通透的月洞窗在造景的同时又加强了两个空间的交流。

传统中式庭院的元素运用在室内空间中，庭院的种种设计手法在本案得以体现，文化传承的同时使得空间更加富有内涵。

简洁硬朗的直线条勾勒出富有层次感的空间，水墨晕染的地毯与花鸟装饰品相映成趣，渲染出富有中式韵味的极简空间。

水墨与花鸟的加入能够使得空间更富有中式情调的韵味，简单的黑白灰对比能够加深空间的层次感，线条的加入也为空间带来了鲜明的秩序感。

黑色线条的运用使空间极富秩序感，家具的木质扶手、装饰柜和画框都延续了黑色线条的使用，使得空间更具整体感。

运用统一的设计手法来呈现一个整体的空间，同时利用整体空间的灰度来提升客厅的档次感与时尚感。

以暖调的灰、白为背景色，将跳跃的橘色运用到抱枕和窗帘上，相同的色性和不同的灰度，一前一后使整个空间更有层次感。运用中式对称的关系来搭配台灯和窗帘，同时借单椅和沙发打破空间的秩序感，使整个空间更加丰富。

前进色与后退色在同一空间的运用，使整个空间更加活跃。单一的色彩往往会使得空间太过沉闷，跳色的加入则丰富了画面。

整个空间的主色调为贴近自然的灰原木色，同时利用纯净的白色墙面和局部的顶面来加深空间层次感。没有过多的装饰形式，还空间以最真实的视觉感受。

宁静的空间中色彩不宜过多，同一灰度的浅色调最能渲染静谧的氛围。尽量减少装饰品的运用，保持空间的纯净。

VESTIBULE
玄关

地面不同石材拼接的铺装方式富有特点，带有自然的肌理，有一种质朴天成的韵味。

工字铺贴和拼接的方式也可以把地砖变成艺术品，具有趣味性。丰富的地面与简单的墙面和顶面环境形成强烈的空间层次感。

引入圆洞的设计形式，内外的视觉衔接让空间拥有十足的亲和力，并不动声色地将传统韵味铺陈开来。作为装饰的中式构建模糊了时间的概念，别有一番自在的个性。

“有景则借，无景则避”，透过各种建筑构件体现中式设计的巧夺天工。将庭院的设计元素引入室内，文化传承的同时使得空间更加富有内涵。

用绿松石般纯净、明艳的色彩作为壁画的亮点，与瓷器相呼应，画里画外不分你我。顶面的橙红色以对比色出现有靓丽醒目之感。

高纯度的色彩在新中式风格的环境中使用有渲染情绪的作用，少许浓重、艳丽的色彩能够丰富画面。

深色线条的勾勒使空间呈现简洁大方之感，墙面和地面干净素雅，多宝格与石质佛像的呈现出禅意的沉静。

用简单的墙面与地面装饰去强调空间的主题，温润的浅色空间带来了新中式主义的雅致与灵动，留白更强调了空间的哲理性。

黄色是春天的色彩，鲜花给予人希望，将植物引入室内装饰里既增添了活力，植物本身的意义又赋予了空间无形的韵味。木纹理的石材也是自然气息的表达方式。

运用不同色彩去表达空间情感，黄色多了一些激情，红色洋溢着欢乐，灰色稳重，蓝色沉静。

设计亮点

由镜子衍生出另一半的“空间”，既在视觉上开阔了空间，又具有实用功能，富有形体感的装饰在镜中好似变成婀娜多姿的花瓶，通过设计师将简单的手法变成了无限的可能。

借鉴技巧

镜花水月，通过反射少亦是多。利用镜面的特殊性质来拓宽空间的视觉感受，增加空间的层次感。

设计亮点 实木地板、原石墙面与顶面，三种材质之间的碰撞，既是把自然元素引入室内，也是设计师想表达岩石与树木的友好关系。两盏灯的光影，使整个空间明亮而富有色彩。

借鉴技巧 引入自然元素于室内使其更富有自然气息，未经打磨的材质更能展现材质本身的美感，更能营造纯净、自然的中式空间。

设计亮点 中式传统符号延续到地面上，现代的镜子使用使得整个空间具有现代中式的气息，餐椅的水墨装饰体现了中国风的元素。

借鉴技巧 传统的设计元素运用到现代材质中，在延续传统文化的基础上发挥了现代材料的优势，使得整个空间在协调统一中不失变化。

用半透明的玻璃将两个空间区分开来，通而不透的朦胧之美展现了中式风情的含蓄婉约。顶面的木质装饰梁将传统建筑元素引入其中，点明空间主题。

半透明的玻璃好像传统纸质花窗，勾勒出姑娘玲珑的身影却又不得见的神秘，使得两个空间的分界线得以模糊。

柜体造型规整，序列感强，装饰与储物的功能兼具。顶面与地面相呼应，通铺的地砖显得空间很开阔。

顶与地的对应关系让空间整体性加强，墙面与镜面的虚实结合更增添了装饰效果。

建筑自身的圆弧元素借用到门洞的空间分割上，用左右对称的圆拱形门洞将本身独立的玄关柜与大空间联系起来，形成一个整体。

装饰由功能展开，利用建筑本身的特点，将极富装饰效果的曲线运用在室内设计中，使得空间更加有趣。

BEDROOM
卧室

主体以灰色为大的块面，辅以不同纯度的蓝色，色调统一 。加入古典元素，祥云、折扇，回纹带有“富贵不到头”的寓意，象征永无止尽的富贵会一直陪伴左右。

山水画、青花瓷器、祥云纹样、折扇等，运用有传统文化意义的装饰元素在无形中把浑厚、端庄的气势带入其中。

让砖块，木材等自然元素成为空间构成的一部分，无需浓重笔墨去渲染便自成一道风景，将一份古朴与静雅浸润在空间之中，让目之所及的一切耐人寻味。大尺寸的虎纹样式地毯为沉静的气息中加入一丝霸气。

将砖与木材质适度裸露，使其本身的纹理与气质改变空间的环境氛围。

“晨夕目赏白玉兰，暮年老区乃春时”白玉兰纯洁、芬芳、真挚，有美好的寓意。正是本案要表达的素雅、高洁的主题。背景墙上的木格花既作为装饰也与地面菱形线条的地毯相呼应。

纯洁美好的兰花、富贵牡丹、莲花君子，这些带有美好寓意的中式装饰元素可以通过设计融入装饰中。

偌大的空间在精心的布置下，既有气势磅礴之感又不乏细节的雕琢。沉稳宁静的空间，轻纱浮动的床幔闲适而自然，打造出最舒适的就寝环境。

床幔是卧室增加情调，烘托气氛的重要装饰之一，营造私密舒适的专属的休息空间。

窗帘的色彩与墙面木饰面的一致保持了空间的延续性。顶面的通长的风口，美观且整体性强，石膏叠级增强了顶面的层次感。

淳朴的色彩打造出安静舒适的睡眠空间，不同的材质用相同的颜色可以将其串联，改变空调出风口的形式也可以变成一道风景。

祥云有很多美好的寓意，表现了人们对万事万物希冀祝福的心理意愿和生活追求。祥云将顶面与墙面相连接。用玫瑰金镜面钢打造出金光闪闪的折射效果，缎面紫色打造出梦幻般的效果。

高调的金色，神秘的紫色将高贵演绎得极致诱惑，夺目璀璨。

天然麻布是很特别的装饰材料，护墙板、窗帘和壁纸相互呼应，“素而不俗”是麻布的特点。顶面的水晶灯给予现代感的光影和谐律动，与中式韵味的和谐共处。

原生的木、简朴的藤、温润的竹，沉静在居室中，接近天然毫不修饰是它们的品质，营造出质朴的生活气息。

软装亮点

水墨画，用水与墨所画，经由控制水墨比例，调配其浓度展现风采。居室用比例适宜的水墨画作为背景无疑成为视觉中心。灰色烘托的环境色，踏实温婉之感倍增。藏青色布艺为平和的空间增添绚丽精致的视觉效果。

借鉴技巧

细节体现品质，在选择软装时，应先考虑主题中的色彩与材质。正如蝴蝶花纹靠垫与床盖的协调，拼接窗帘也是床品风格的一个延伸。

顶面的木材质给人温和自然的感觉，突出了白色的吊顶既美观又丰富了层次感。吊灯在不同的形式表达了对称关系。

木质的淳朴、灰色的包容给卧室沉静雅致之感，在顶面使用木饰面与壁纸，石膏线条等装饰，有丰富的层次感。

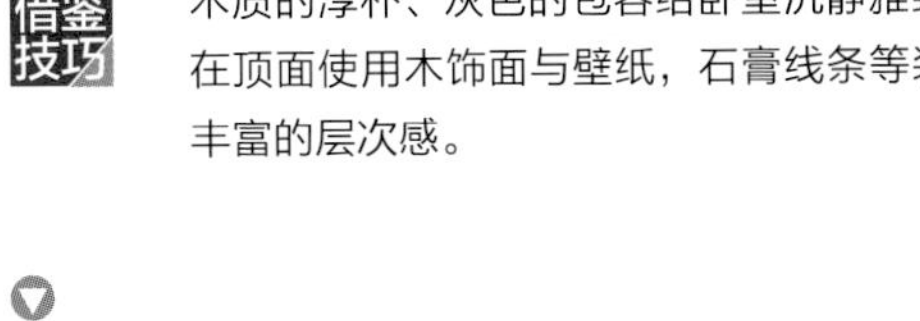

“素胚勾勒出青花笔锋浓转淡，瓶身描绘的牡丹一如你初妆。”青花瓷透露着淡雅，玉洁冰清的典雅。圈椅上面的中国红软垫添了一丝亲切和热情。

明代家具造型简洁、做工精巧、雕工流畅，散发出中国式的儒雅气息。木作上的雕花更是彰显艺术气息。它们与现代感的家具结合，更凸显出儒雅古韵。

神秘华丽的紫色是视觉中心，配以纯净明亮的浅色，好似少女逐渐褪去青涩，隐约散发出成熟女人的魅力。

利用贴合人物形象的色彩来塑造空间，最能打动人心。顶面叠级与线条的组合，丰富了空间。

整个空间宛若一件柔美婉约的青花瓷，仿佛可见素胎勾勒，钴料呈色，釉下彩绘，如水墨画般明净素雅的元代青花瓷，缠绵蕴藉。

将空间比作传统物件，传承文化的同时也丰富了室内装饰效果。墙面壁纸的清淡纹理凸显了床品与装饰物。

工笔花鸟背景色艳丽，用工整细致的表现手法，产生栩栩如生、精致动人的视觉效果，为空间营造出诗画般动人的氛围。

可以用碰色等技法，突出热情且附有灵感的主体。在客厅或者卧室可以用一面花纹独特的壁纸装饰，成为简单不简约的背景墙。

卧室是休息的专属空间，打开窗帘我们看到的是景致盎然的四季变换，放下窗帘便是最为舒适与放松的卧榻。空间没有用过多的色彩去喧宾夺主，保持最为舒适低调的灰度，不为装饰而装饰，回归到生活本身。

一个空间是为谁所用，为何而用，应是设计人思考的初衷，并让其展现最核心的价值。

软装亮点 以简约、唯美的咖色系为主，简单雅致，摒弃繁复的装饰，用麻质的窗帘、壁纸，自然气息的陶瓷制品凸显出淳朴自然的环境。选用的丝光白床品，也反映出对生活的高品质要求。

借鉴技巧 使用同一色系增强物体之间的互动，用材质的反差体现出时尚的现代气息。在营造质朴中国风的空间中，可以有麻质与干燥芦草的悠然自得，也可以有丝光绸缎的优雅高贵。

设计亮点 顶面格栅与窗帘百叶的衔接、背景墙与床头柜的相互依存是空间连续感的很好体现。床头吊灯、瓷罐装饰物与竖直落地灯都对空间有纵向拉伸感。

借鉴技巧 同一灰度不同的深浅色泽，营造出舒适柔美环境。在纵深感突出的环境中，拿掉床头背景墙的那幅画会更加统一。

壁灯以特别的形态，用格纹的样式对应衣柜的造型，给空间均匀温和的灯光。

造型独特的灯具装点空间不仅是光亮的给予也是灵感的来源，格子造型的衣橱，使并不宽敞的空间有透气的视觉感受。

深色的木线条框将硬包装饰成画，线条感很强，增加了阳刚气息。

黑色是酷炫、稳重的颜色，时尚干练。用黑色的边框与银色的硬包材质装饰，有强烈的对比，吸引眼球。

浅木色的主色调带来了一种清新纯净的气息，床品上的纹理与墙纸、顶面的元素相仿，互相呼应的同时令空间更加整体。

将软装元素与硬装相结合来表达空间的完整性，顶面竹节样式质感饰面与墙面的画相呼应，是充满自然气息的装饰画与装饰物之间的对话。

床头背景墙的花鸟图案壁纸点亮了整个卧室的主题，地毯与墙纸相得益彰，置身其中仿佛能够闻到鲜花的芬芳。

将同一元素融入装饰与墙面，能够达到和谐统一的效果。顶面叠级的层次感既丰富了空间也使背景墙与衣柜产生联系。

深色基调的中式禅境，用简洁硬朗的直线条勾勒出富有层次感的空间，以朴实的手法，实现了简约清新的视觉感受。

借鉴技巧

化繁为简，用简练的线条描绘现代的中式空间。采用对称手法，在顶面与背景墙采用同一设计手法，和谐平衡。

镜面的材质在背景墙与柜门上完美演绎，中式元素的纹理与镜面相结合别具一格，门板的组合好似一面精致的背景墙，集功能性与美观性于一体。

镜面材质的加入能够使得空间展现出不一样的视觉感受，装饰感强的装饰风口有统一性。

微弱的光线将空间装点得暧昧不明，营造出充满生活情调的氛围。绒面软包及窗帘透露出时尚华丽的气息，床品的跳色使得空间更加活泼。

借鉴技巧

巧妙利用灯光对于营造情调及氛围的作用，窗帘布艺的材质与色彩跟床品相辅相成。

透明玻璃呈现出外部景致，像是一副画框，涵盖了自然的风姿卓约，与对应的一面衣柜形成了虚实对比关系。使用木色线条装饰顶面与墙面，仿佛置身于自然丛林的小木屋中。

秉承“物尽其用是为简”的原则，将一种元素贯穿始终，空间简洁干净不少也有相互的连续性。

枯枝缠绕的背景墙仿佛令人置身林间，波纹流动的床品带来了河流的气息，绿色、蓝色、咖色、白色、黑色各司其职却不显得凌乱，反而更增添了自然的感觉。

学习大自然的配色，用天然的色彩营造生态的氛围，用灯影效果营造慵懒舒适的睡眠空间。

设计亮点 传统的床头柜被更加实用的低于床面的桌板代替，隐于桌面下的感应地脚灯传递着人性化设计的关怀，书桌与床靠板、床头桌板相连形成一个整体，家具的形式得以统一。

借鉴技巧 将原本零碎的家具组合成一个整体，空间会显得更有秩序感。简约而富有寓意的竹节样式背景造型在茶镜的反射下更显得层叠有空间感。

KENZO

软装亮点

孔雀尾翎屏风带着浓郁的东南亚风情，将翡翠绿和宝石蓝的美丽释放到极致，床品、台灯、窗帘也延续了相同的色系，更值得注意的是窗边的孔雀装饰，直接而明确地表达了灵感来源。

借鉴技巧

用带有美好寓意的动物作为设计中心，传承文化的同时也丰富了室内空间。

别具一格的斜屋顶拉伸了空间的纵深，强烈的黑白对比加深了空间的层次感，木饰面的隐形门上方也延续门的材质与颜色形成整体的视觉效果，巧妙地将原本独立的门洞融入墙面装饰中。

用隐形门这一处理方式实现墙面与门洞的视觉统一。墙面上有秩序感的线条是顶面的延续。

软装亮点

静谧优雅的蓝色与艳丽活泼的黄色搭配在一起丝毫没有违和感，蓝色并非天蓝而是带了灰度的浅蓝与深蓝，黄色也因加了灰度而显得高贵典雅。

借鉴技巧

在纯度过高的颜色里加一些灰度能够使得空间更加优雅柔美，顶面与镜面的线条有面与面之间的连接感。

黑白灰的空间没有多余的色彩，这些宁静的色彩给人以舒适自然的感受。用简洁硬朗的直线条勾勒出富有层次感的空间，以朴实的手法，实现了简约清新的视觉效果。

用色彩传递出空间朴实的韵味，给人更多的留白空间去品味思索。用落地灯的光晕效果打造娴静温婉的空间。

微弱的光线将空间装点得更加暧昧不明，营造出充满生活情调的氛围。摈弃多余的装饰及色彩，用带有灰度的咖色系来营造舒适自然的氛围。

带灰度的咖色系使得空间充满了硬朗的男人情怀。光影设计增添了一抹柔和安静的气氛。

山水画宁静悠远的意境渲染出朦胧的江南韵味，藤蔓缠绕的花朵盛放在床品、床头柜及墙面上。清雅的冷色基调中点缀着些许柔和的暖色，淡雅中不失温暖。

在整体色调统一的基础上，穿插少许跳色是丰富画面的一种常见手法。顶面描黑的造型线条使空间有一丝清晰明朗的勾勒。

竹子的主题使得空间清雅脱俗，移门延续了墙面的竹节造型，形成统一造型的墙面形式感，木纹的壁纸带来了大自然清新的气息。

梅、兰、竹、菊这些植物象征着中华名族传统美德，将这些寓意载体植入室内空间，能够得到形式与文化的统一。

墙面以朴实的手法进行处理，米色的麻质壁纸透露出自然优雅的气质，简洁硬朗的直线条增加了空间的层次感，鸟笼灯、旗袍与瓷器传递着浓厚的中式情韵。

借鉴技巧

在简洁的硬装中加入富有中式情调的软配，使得空间更加精致。天蓝色的床品增加了一丝清爽。

纯净明快的白色空间中红色的梅花与鸟儿形象散发出浓厚的中式韵味，镂空的梅花形花格婉约柔美，清新淡雅的中式风情扑面而来。

花鸟艺术是东方风情的独特表达手法，将同一设计元素融入空间之中的众多物件或硬装，能够起到呼应融合的作用。

整个空间用色不多，却非常讲究色调的明度和饱和度的对比与融合，这些宁静的色彩给人以舒适自然的感受，在表现含蓄感的同时又多了一份“致远”的意境。

带有灰度的色彩能够提升空间的品质感，散发出精致温暖的独特气质。窗花与背景墙的造型的统一，具有一定的空间延续感。

纯净明快的白色作为空间的主色调，辅以米色的壁纸与床品。没有繁复的细节雕刻，也没有过度的奢华格调，只是利用极简的线条与淡雅的纯色营造出舒适且不失品质感的家居环境。

纯净的浅色调能给人温馨舒适的感受，营造良好的居住氛围。跳出柔和色调的折扇，是视觉焦点也是点睛之处。

STUDY
书房

墙面运用低纯度的绿色，带着自然原生态的气息。墙面两边的通道使空间的流通性好。两扇朝南的落地窗使自然光线充分照进室内，提高整个空间明度，给人以舒适明亮的感觉。

地毯很好的区分了空间关系，在色彩的搭配上运用木质本身色彩体现质朴的味道与绿色的清新。

设计亮点

桌面的茶具、陶瓷的摆放、奔腾的骏马，无不体现出中国传统文化的元素，原木风格家具的使用使整个空间呈现出一种朴实无华的原生态风情。顶面花纹吊顶与地板相对应，使整个空间统一完整。

借鉴技巧

顶面的欧式圈线，花纹的地板，水晶吊灯，流露出欧式风格的奢华，与中式圈椅和茶具质朴的碰撞演绎别样的风情。

顶面和地面的浅色基调突出中间主题部分，书柜底层使用镜面不锈钢，在灯光的衬托更显奢华。

不锈钢与木质、布艺在材质上形成反差和对比，恰当的光影运用，增加了层次感。

不锈钢镜面的光滑与坚硬与实木的温润质感形成强烈对比，时尚之感与水墨的淡雅并存。

用材质的对比可以把传统的形式打破，衍生新的视觉感受，石材的门洞垭口与墙面的色彩对比强烈。

黑色线条贯穿着整个空间，米色的布艺与地毯柔软了硬朗的线条，深浅色调的对比拉伸了空间的层次感，案几上的盆景点缀大自然的气息。

利用深色与浅色的色彩对比，加强空间的层次感，用银色的顶面材质，突出顶面造型。

整面的柜子在视觉中点适当留白并伴以文化砖的表现方式，体现了别样的肌理感。在灯光照射下的装饰物仿佛都在诉说自己独特的故事。

柜子的形式可变化多样，不同材质的穿插营造出不一样的氛围，用中国传统瓷器装点出富有东方特色的空间，娴静雅致。

设计亮点

落地推拉木格门营造出强烈的视觉冲击，门与书柜的结合拉大了空间的视觉比例，特殊的木格形式既传统又个性十足。

借鉴技巧

空间中灵活运用木格门，既满足功能的需求也满足形式风格的统一。

空间中的绿植与周围环境对话，顶面墙面地面三者之间看似会有生硬的界限，但是设计师通过软装及形式感使它们相贴合。

木质的色彩在空间中延续，绿植与木色达到自然的统一，大块的地毯充实了视觉空间，显得丰满深沉。

中式传统家具与现代家具从色彩与形式上相对应，两者之间的界限模糊化。装饰隔断使两个空间连接，虚中有实，实中有虚，使两个空间自然形成一个整体。

隔断起到区分空间的作用，让两个不同功能的空间分隔开来，顶面与墙面的材质和造型并没有影响分隔后的空间开阔感，让空间仍然是通透连接的。

按照轴线关系排布左右对称的书柜，中间背景墙与书桌的尺寸统一。顶面的不锈钢凹槽与石膏线条增加层次感。

运用对称关系将家具罗列，富有秩序感。体现出整洁、干净的气氛。

家具陈设的对称，中式家具利用线条美及形式美充分体现东方传统韵味。简洁的陈设空间大面积的留白处理，体现其包容。空，即是静，留给与空间的对话。

鸟笼灯似乎让整个空间得以释放，从而让家具更加富有禅意。木质肌理的显露有轻松自然的书香气息。

现代家具简洁的线条与中式传统的柔美相融合，就如自然没有重复的“形”，或者是一件“未完的作品”，中式传统家具粗糙的表面和现代家具精致的质感形成冲突。空间每个地方以及每个细节都有着它独特的气息。

一盏红色的灯笼让整个空间变得生动富有生命力和趣味性。

LEISUREAREA
休闲区

侧面的墙面由木饰面板及实木线条包裹，背景墙则用镜面的形式来表达，显得整个空间更开阔。实木线条由木饰面板延续至镜面，形式的统一弱化了材质的区分，空间感得到体现的同时又起到了良好的装饰作用。

当两个材质差别比较大的时候，可以借用相同的表现形式来统一空间，协调了画面的完整性，同时增加了材质的丰富程度。

对称式的布局设计体现了空间的庄重与气派，整个画面比例匀称和谐，中间的主题装饰画打破了绝对平衡，在平衡中穿插微妙的变化。

当一个空间处于过度平衡的状态，反而会显得单调无趣，可以用一些软饰来打破沉寂，达到意料之外的效果。

玄关柜上方的镜面照出对面墙上的戏剧装饰画，画面的色彩与绣墩、戏服头饰、花瓶、插画相得益彰，色彩浓烈却不突兀。

将符合主题的装饰植入空间中，色彩可以跳跃，但不可过多过杂，营造和谐统一却不单调的色彩感受。

设计亮点 圆弧造型展示柜使空间有违和感，顶面以圆心展开的木饰面与地面圆圈花纹地毯呼应。

借鉴技巧 材质上面的统一让空间有一致性，线条形式上的变化让空间多了层次感，曲面的呈现使得空间更加灵动有趣。

家具的造型借鉴了隔断的线条感，硬装元素与软装元素完美融合，绿色的盆栽小竹柔和了线条，整个空间硬朗通透又饱含婉约含蓄。

在考虑整个空间统一性的时候，可以将墙面造型延续至家具造型中，令线条的秩序感在家具上得以延伸。

黑色木饰面板包裹的墙面与家具的黑色实木边框同纯净的白色顶面与布艺家具形成了鲜明的对比，地面的粗糙石头质感更接近庭院的自然感受，模糊了室内与室外的关系。阳光穿透窗子中的百叶帘，在地面上投射出一道道美妙的光束。

用原始质感的材质连接室内与室外，模糊其间的区别，让心灵回到大自然的归属。

软装亮点

床榻替代了沙发，传统气息充盈的同时空间也瞬间温馨了起来，煮一壶茶，配几碟小食，就着阳光在这里躺上一下午，人生也不过如此。

借鉴技巧

在表达传统中式空间的时候，具有现代感的传统家具更能够体现文化的共鸣，传递优雅低调的中式情怀。

整个空间的主色调为贴近自然的原木色，同时利用纯净的白色墙面和顶面来加深空间的层次感，在局部的家具及软饰部分采用高级灰和蓝色加以点缀，色彩和谐却不显单调。

宁静的空间中色彩不宜过多，选定一个主色调，辅以一些中性的色彩，丰富画面的同时又保持了空间的纯净。

本案的色调呈现出灰白的视觉感受，大面积的纯白墙面点亮了原本阴暗的阁楼，百叶窗式的顶面装饰好似遮挡住了一扇扇窗户，给人以遐想整个阁楼整体呈敞开式，没有大面墙的阻隔使得空间更加流通灵动。

在空间比较狭小阴暗的情况下，尽量将所有空间都打通，同时用较浅的色调来提升亮度。

设计亮点

不需要过多的装饰，一个宁静优雅的茶室就这样映入眼帘。地台、书柜、书桌的侧边都做了灯带来营造氛围，家具尽可能的干净简练，给人舒适的使用和视觉感受。

借鉴技巧

灯光在营造氛围时能够起到非常大的作用，灯带的使用能使空间更柔和，照明的同时更能打造舒适温馨的感受。

古色古香的雕花实木家具散发出精致优雅的韵味，玲珑剔透的瓷器使得空间更加鲜活灵动，走动间依稀可以闻到柜门上香囊的芬芳气息。

传统的精致雕花的家具与花鸟纹样的瓷器等装饰，能够简单明了地表达饱含传统韵味的中式风情。

软装亮点 这是一个属于私人的空间，自然形态的木头倚在粗糙质感的墙上，未经打磨的石头里浮着几叶绿荷，藤编的圆椅上放置着茶具，形状抽象的躺椅上有一块原木的圆形坐垫，几个童子木雕仿佛在等待为主人侍茶。

借鉴技巧 简约的硬装设计能够包容非常多元化的软装，各种木质、藤编的材质表达着混搭艺术的美感，空间也更显更加饱满。

在明快的浅色环境中，椅背上的画如水墨晕开般迷离又遥远，通透的黄色瓷器与蓝色回形纹的地毯相得益彰，一盏带中式角花的灯笼仿佛指引人们回到了烟雨微蒙的江南水乡。

营造江南风韵时，水墨中模糊的远景最是朦胧优雅。典雅的黑白灰色调仿佛水墨画中色彩的延伸，淡雅飘渺。

PARTITION
隔断

左右对称的木质镂空隔断对厨房有修饰装点作用。既遮挡了橱柜与冰箱的侧板，颜色上也与橱柜保持一致，统一和谐。木质隔断旁边的矮柜与立面橱柜在同一高度，很好的将内外连接。中国结活跃了空间中的传统文化气氛。

开放式厨房越来越普遍，可用家具去区别开两个空间，同时通过颜色和材质的运用，连接起来。

白色的隔断显得干净，与顶、地的融合好似是一面墙又像是一幅画，也是一处景。在顶面灯光的着重强调下，凸显出隔断的中式花纹，投射出的光影效果更是有趣。

光影使装饰增强立体感，局部打光突出物体。艺术品的选择也要恰到好处。

古朴的木质雕刻为空间平添韵味。采用梅花、竹子代表君子的图案与象征，还有长寿的松树，体现出传统的文化色彩，赋予了祥和气氛。

运用中式纹样装饰是现在应用比较广的一种做法，搭配整体风格，有种时尚与古典的碰撞感。

阵列式的组合隔断，形成极具感染力的视觉效果，以垂直的格栅线条来处理空间关系，增添了空间之间的互动关系。

光影是格栅的完美搭配，光线的折射与穿透更进一步的表现出通而不透的朦胧效果。

“渊源共生，和谐共融”的“祥云” 是具有代表性的中国文化符号，怀旧风格的格栅用做旧的木色渲染质朴、儒雅的空间。地板材质带有自然气息的结疤纹理与整个环境相得益彰。

禅意的东方气氛用吉祥如意的文化符号可以较好的表达，做旧的家具可以让时光“慢”下来。

通过不同宽窄的格栅造型，让空间多了一丝灵动。“瘦长、苗条”的构成关系，体现“向上”的张力。

以统一色调去做隔断，与周围环境的融合，创造出一个若即若离的共同空间。

“牡丹，花之富贵者也”，隔断将富贵之花镶入其中，古朴的隔断将方与圆结合，透过空隙，可见到大宴亲朋的客厅，主人与友人们在带有中式韵味的空间中尽情享受。

通透是设计中要特别注意的一点，让空间大而整，带有纹理的隔断用于其中达到了通而不透的效果，注意的是隔断要与家具及墙面在颜色和材质上有关联性。

客厅是以中性灰为主，中性灰是兼备内敛与智慧的颜色，既代表着对品质的苛刻追求，又有着中国文化广博的包容性。棕黑的隔断是点睛之笔，从上而下的贯穿让温文尔雅的空间多了气势磅礴的厚重感。

在中性灰的使用中需要有其他色彩的配合，富贵的金黄，沉稳的棕黑色都是不错的选择，彰显沉稳、儒雅、涵养的气质。

用“高挑”的竹节样式借物抒情，本身就有拉长空间的效果，旁边的陶罐莲藕干枝与石雕摆件都是纵向的造型，空间显得干净、干练。

东方的禅宗一直强调的拈花微笑，是一种对文化的亲切感，运用陶土制品与色彩去体现中式传统文化，是自然格调品味的良好表达。

采用纯度较高的布艺装饰质朴的木色背景，绿色与红色的坐垫，藏蓝色的桌布，色彩的跳动中，灵动中有含蓄，朴实中透着热情，浓烈中有淡雅，平和中有激情。

印染的藏蓝色、花草的本色与天然木色使人一下子回归到了自然、淳朴的环境中。

软装亮点

使用胡桃木将屏风“装裱”起来，成为一件“艺术画作”。采用小情调的饰品，自然、精致。窗外的景致半透半露的引入室内之中，轻纱舞动，树影婆娑。

借鉴技巧

自然景观是无法用任何装饰物取代的，富有变化的外景给予室内灵动的气息。木质纹理的石砖带着温暖舒适的感觉。

井然有序的隔断将楼梯与景观做以区分，既增强了安全性也让隔断投影随之无限拉伸，光、物与影的完美结合，像是悠悠地在诉说一个美好的故事。隔断的花纹也颇有心意，六角似铜钱的样式寓意着如意富贵。

虚实景观可以互补，借用虚物去完成实物，既节约了成本也别有一番滋味和惊喜。

PASSAGEWAY
过道

软装亮点 简约时尚的端景柜上两个白色瓷瓶内插着几株梅花，一旁蹲坐了四只小鸟正仰着头与画中的鸟儿对话，抑或是在比较谁家的梅花更芳香。

借鉴技巧 将画中之景与实体物件相对应，使两者之间产生在沟通交流的感觉，整个空间更加灵动。

正对着窗外景物的位置悬着两幅画，画中是夏日正在盛放的荷花，画下方是一个经过加工的异形实木装饰品，表面还保留着原木的粗糙质感，与窗外的景物遥相呼应。

通过一些保留原始形态的装饰品来搭建室内与室外沟通的桥梁。色彩淳朴的挂画与自然舒适的空间相联系。

利用镜面来提升扩大空间的视觉感受，用镜子覆盖整面墙壁，舒缓压迫感，增强室内设计的美感。且由于镜子特殊的反光性，使居室光线更为充足。

空间感受过于压抑时，可以用镜面材料来调节氛围，镜中之物虚实相映扩大空间。踢脚线用与门和门套相同的色彩，强调整体性。

软装亮点 黑白灰的主色调赋予了空间简约的感觉，同时又充满低调优雅的气质。黑色释放出放松和沉思的气息，白色质朴且充满活力，给人凉爽平静之感，灰色起着平衡两个极端色彩的作用，使空间更加和谐，三者结合发生着奇妙的化学反应。

借鉴技巧 营造黑白硬朗时尚空间的同时，须加入灰色来平衡两者的关系，加入花卉植物可以使空间更加富有生气。

封闭的过道光线昏暗，黄色的灯笼散发着微弱的光芒，顶面木质装饰梁的角花借鉴了古时常见的造型元素，长廊正对面的月洞窗内竹影闪烁。

将古时庭院内的精巧设计引入室内，营造贴近自然的氛围。对称的设计手法，显得空间平衡和谐。

竹这一清雅脱俗的植物元素被植入墙面及顶面装饰中，好似竹子从地上蹿出来，而后顺着墙壁打了个弯，粗糙的石砖与形态不一的卵石令人仿佛置身竹林，畅快自在。

大自然给予了我们非常多的物质资源，在这些物质资源的形态里提取元素来丰富室内空间，将自然的气息引入生活。

设计亮点 简单的灰调空间将五彩缤纷的世界回归到永恒的经典，所有的形式都摈弃圆角交由直线条来展现，表达出极富哲理性的空间。

借鉴技巧 时尚经典的空间不需要过多的曲线来装饰，直线条更能展现现代的氛围。用竖条纹的木纹石砖与顶面造型相呼应。

墙面的表达形式采用了浮雕这一介于雕塑与绘画之间的艺术表现形式，将荷花刻于石材表面，夏日盛放的花朵美得让人无法形容，犹如一枝饱蘸墨彩的画笔点在花尖上，无声的氤开，至淡而至无，透着那极致的东方神韵。

用带有美好寓意的植物作为设计中心，传承文化的同时也丰富了室内空间。在新中式风格中有浮雕雕刻的时尚造型，增强层次感。

麻质壁纸的墙面被黑色线条分割成几大块，背景墙的中心部分引入了月洞窗的造型，镜面材质的窗内投射出端景柜上婉约的植物与装饰品。

将现代装饰材料与传统造型元素有机结合往往会得到意想不到的效果。墙镜面的圆镜仿佛是庭院中透着满园春色的窗洞，有趣且有着东方庭院的韵味。

设计亮点

现代的装饰材料与传统的老宅院相融合，赋予老宅院新生。灯光照射下的竹影在墙面地面上投射出细碎的光线，令人仿佛置身竹林一般。

老宅的新生旨在保留原结构，在原物件的基础上加上现代化的装饰效果。将时光的味道重新演绎变成现代的符号展现。

软装亮点 大理石与绒布软包透露出时尚华丽的气息，软饰的加入则将华丽的气氛减弱，强调了时尚精致的细节感。

借鉴技巧 在简单的硬装基础上融入丰富的软装，布艺、软包、瓷器材质对比丰富，使得空间更加多元化。

软装亮点 素净的墙面上悬着一幅出水芙蓉图，新中式端景柜上的瓷器仿佛是依托着荷花的荷叶，青翠欲滴，更为空间增添了一抹清新典雅的色彩。

借鉴技巧 将画中之景与实体物件相对应，使两者产生一种对话关系，整个空间更加灵动。

STAIRS
楼梯

格栅平开门与镂空装饰透露出一种新中式风格精致柔美的味道，铁艺栏杆与玻璃护栏的结合更为空间增添了简约硬朗的感觉，两者融合却不冲突。楼梯的木纹石材一直延续至墙面，整个空间显得更整体自然。

利用相同的材质来连接两个空间，能够达到统一的效果。两种材质的融合使得空间具有不同的视觉感受。

浅橡木与白色乳胶漆谱写出一篇清新淡雅的乐章，地砖与帘子都采用了同色系较柔和的颜色，整个环境给人以平静舒适的感觉，还原了家的本质。

摈弃过多的色彩，用最原始的木色与纯白色来营造温暖的家的氛围，不会显得单调，而更加充满柔和的气息。

楼梯的造型极富设计感，侧板与踏步采用统一材质，并且在踏步内侧做了灯带，给人良好的使用感受。扶手不同于传统的设计，将玻璃材质与古典的木质扶手相结合，令人眼前一亮。

在楼梯的内侧增加灯带的设计，这类人性化的设计能够瞬间虏获人心。现代材料与传统纹样的组合使得空间表现更加丰富。

现代感的木质楼梯融合了硬朗的玻璃扶手，木饰面将整个楼梯的原造型包裹起来，展现了楼梯原始的状态，真实自然。

不掩盖物件的原始形态，只在表面做简单的贴面处理，将结构暴露出来，还原出空间的自然感受。

楼梯、过道与中庭在这里邂逅，流畅的实木线条在空间中蜿蜒曲折，铁艺的曲线鸟笼灯贯穿上下，自成一处景致。

通畅流动的中庭更能营造氛围，且能够将功能化的空间转化成观赏性的空间，处处都是景。

原木纹理的踏步、踢脚线与扶手散发出浓浓的自然气息，青石砖与白色鹅卵石令人仿佛来到了青瓦白墙的江南小院，院子中随意摆着青色坛子、竹竿、木头等装饰，生活的情调不过如此。

用粗糙的、接近自然状态的物件与材质来营造中式空间，最能唤醒人们心中那一抹江南情怀。

DINING ROOM
餐厅

整个空间的主色调为贴近自然的原木色，利用简练精致的黑色线条来加深空间的层次感，在局部的家具及软饰部分采用高级灰和白色加以点缀，色彩和谐却不显单调。

若在全敞开式的现代空间中装点过多色彩，会显得非常凌乱。选定一个主色调，辅以一些中性的色彩，丰富画面的同时又保持了空间的纯净。

设计亮点

设计师利用餐厅侧面十几厘米有限的距离，打造了一面玲珑有趣的装饰柜，将装饰柜的形式延续至顶面，且由于餐厅的空间十分有限，加入了镜面元素来增强视觉感受。

借鉴技巧

在空间有限的情况下，墙面与顶面可以采用统一的表达方式，形成鲜明的空间秩序感。

有别于传统的新中式设计，餐厅与西厨、过道的关系被模糊了，空间得到了最大化利用。墙面的中式元素在柜体、顶面上有序地延续着，巧妙地将餐厅与西厨融为一体。

将过道这一灰色空间弱化，为其他空间提供更大的利用价值，同时将代表风格的某些元素植入墙面、顶面甚至软饰中，形成空间的统一感和秩序感。

本案是传统的中式轴线空间，大理石装饰的墙面与地面透露出时尚华丽的气息，强调了时尚精致的细节感。红色的装饰画点亮了空间，丰富了画面的色彩感受。

空间色彩在同一纯度里的相互映衬、相互协调显得沉稳大气。用红色的装饰画活跃了空间气氛，成为空间的视觉中心。

极富秩序感的黑色线条贯穿了整个空间，原木色的家具为空间增添了自然感受，精致的灯具与装饰品强调了简约中式的现代感。

将点、线与面的关系重组划分，利用同一设计元素，运用统一的设计手法来呈现一个整体的空间。

设计亮点

中式元素的隔断使得空间更加通透明亮，强调了各个空间的衔接性。浅色与深色的对比加强了空间的层次感，富有禅意的装饰品点缀了画面。

借鉴技巧

使用镜面和木质窗花，既扩大视觉空间也增强了装饰感。巧妙运用隔断的灵动性，消除空间之间的隔阂感，增加情趣。

吊灯上的花鸟图色彩艳丽，玲珑可爱，与画中盛放的荷花相映成趣，端景柜旁的青花瓷器带着悠远绵长的时光气息。窗洞的借景关系使得空间更加灵动。

传统的花鸟纹样，青花瓷，荷花莲影，唤起人们心中最真实自然的中式情怀。大面积的留白，将视觉的中心留给需要突出的物体。

设计亮点

灯光恰到好处的运用使得整个空间更加富有层次感，对动线起了引导作用。敞开式的厨房兼具了吧台的功能，空间得到充分利用。

借鉴技巧

灯光的巧妙运用使得整个场景更加富有画面感。植物的引入，使空间有自然气息，打造轻松清新的感受。

顶面的深木色线条硬朗具有层次感。墙面用与之呼应的线条勾勒出空间形体。在通往厨房处使用了夹墙门，将推拉移门收入墙中。推拉门选用的是古典图纹花格，别有趣味。

使用装饰性的通长风口，与对称的回风口，增强空间有秩序感。在家具的色彩上采用了与顶面和墙面一致的深木色，整体性强。

低调奢华的灰色占据了大半画面，白色的顶面强调了纵深的空间感，灯光传递着温暖的气息。金属质感的吊灯与装饰柜增强了空间的现代感，烛台的运用则带来了悠远的中式风情。

在冷色调的环境中加入暖色的光源，丰富画面的色彩感受。在顶面用对称的装饰风口，强调轴线关系。

餐厅背景墙被扇形纹木质屏风均匀地分成三块，两边各放了一盏新中式的壁灯与方几，整个空间显得秩序井然，传统有余而新意不足，此时，大小不一瓷瓶的出现打破了空间的沉闷，在平衡中寻求一种趣味性的不平衡。

利用轴线对称关系将空间做得非常传统之时，在传统的格局内加入有趣的软饰来打破一味的沉闷，氛围会更轻松舒适。

祥云这一设计元素被大量运用于墙面与顶面，带来了浓郁的中式风情。轻快明亮的白色基调上，灰咖色的护墙板、线条与家具增加了空间的层次感。

纯净的白色能够包容一切辅色，辅色的选择决定了空间的整体氛围。木质纹理的地砖，有强烈的自然气息。

浅色基调的中式禅境，用简洁硬朗的直线条勾勒出富有层次感的空间，以朴实的手法，实现了简约硬朗的视觉感受。

利用线条的秩序感来描绘现代的中式空间，直来直去的线条有简洁、舒适的视觉感受，巧妙地使用灯光效果，让空间富有诗情画意。

以中心的餐桌为主题，地面延伸到四角对称的装饰柜，凸显其形体之美。“苍天如图盖，大地如棋局”，顶与地的圆方互容，体现了刚与柔的完美结合，赋予恒久的生命力。

天圆地方的设计结构应使用在体量较大的空间，可以增加空间“能量”。以轴线对称关系平衡物件，在形式上可以有一些变化。

大量引用的实木元素，顶梁的设计使得原木以另一种姿态展现在空间中，增加了纵向的层次感。远处的家具又体现出中式隔断的朦胧感，空间的延续感。装饰花瓶的黄色点亮了整个空间，丰富了画面。

不同的材质通过不同的表现形式具有不同的装饰性质。 刷白的木质镂空隔断清新雅致，与顶面、地面有关联性、延续性。

设计亮点 线条的处理方式让空间有规整的秩序感，地面排砖的方式与变色搭配活跃了气氛。窗边装饰柜用镜面背板，将室内与室外连接，虚中有实，实中有虚，窗景自然地形成了一幅变化的装饰画。

借鉴技巧 当餐厅成长条状时，可在较长一端设计备餐台，调整空间比例，增加储物区。

本案空间很规整，木质墙面将客厅延伸至餐厅让其有连续性。在墙面的处理上颇有心思，以材料的变化增强装饰感。八角花格与水墨画在灯光的渲染下浓郁清雅。

使用同一种颜色或是材质连接两个空间可以统一风格，强调整体的作用。同理，在选择家具也可以选择同色系和材质让整个空间有所关联，浑然天成。

月洞窗，用以形容开在院墙上，形如圆月的窗户。它是中国古代园林不可少的象征元素，是了解中国园林文化的特殊符号。墙面上圆形的水墨画，像是透过月洞窗看到的满园荷花，古雅宁静。

以平和的黑、白、灰做底，古典元素在空间中显得尤为突出主题。有肌理感的石材用在墙面与地面上，本身亦变成一道风景。

顶面木质线条，墙面与地面灰色调的环境色运用让人觉得平和、优雅，餐椅背的紫灰色让其与环境融为一体。金色的灯具就尤为突出俨然成为视觉焦点，山水画的呼应，让中国风的含蓄与宏伟表现的淋漓尽致。

在大面积灰白的调子里，可以用金色或是红色去突出中式主题。灰与黄的搭配堪称经典，雍容华贵的气质由这两种色彩完美诠释。

设计亮点

以唯美的白色基调为背景色，表现空间的干净与清爽。顶面的线条与深色厨房立面的衔接，拉长纵向距离。线条本身具有拉长的效果，冷色调的运用更使那面墙退后，以达到开阔空间的效果。

借鉴技巧

浅色推进空间，深色增加距离感。运用整面墙的颜色，可以调整视觉感官。

木格栅运用得很巧妙，顶面的光影关系，表现出中式风格的通透与含蓄，富有层次。与立面的结合增加视觉高度，有趣的高矮凳与墙面配合的井然有序，穿过靠背落在地面的影子再次与顶面重合。

将同一种元素“粘贴复制”，在不同的块面，产生联系，相互呼应。

拼接的窗帘色彩丰富，顶面的石膏板凹槽与顶面石膏线条的挂边让顶面造型多变有层次感。在灯具的材质上也与壁纸起到了呼应关系。

色彩上采取统一的原则，局部点缀使用蓝色活跃气氛。棉麻质感的窗帘、壁纸与吊灯，相互呼应，有淳朴自然之感。

在明快的白色环境中，水墨晕染了画面，深色木质线条给予了画中的躯干，餐椅背的荷花跃然而上，群青蓝色的毯子强调烘托其清澈淡雅。

水墨与莲自古就是文人墨客为之称赞的景致，将其引入中式风格的空间中有点睛的洒脱与唯美。

把植物的元素通过设计手法带入空间，竹子的清华其外、澹泊其中、清雅脱俗、不作媚世之态，正是中国风的浓缩与精华。竹节样的围栏环绕的廊道，看似庭院的风景引入室内有限的空间中。

在不太宽敞的空间里运用虚实结合的手法增强视觉效果，家具本身变成一道独特的风景。

运用张扬的木纹肌理把自然气息带入室中，透过圆形的窗洞满园春色透过来。

木质元素的运用与庭院设计里面月洞窗的引入，将自然的景观变相的展现在室内设计中。

设计亮点

用顶面的木质装饰拉近了空间距离。干净的灰色调里，清冷的地面，纯白的墙面与鸟笼灯，搭配白色的灯光投射在温暖的木色的家具上，碰撞出了冰雪般纯洁的自然气息。

借鉴技巧

深色或是富有层次感的顶面能够拉近与地面的距离，大量的木色装饰把自然气息表现得淋漓尽致。

软装亮点 蓝色的冰裂纹木花格与大量的木色家具撞色产生视觉冲击，跳脱出自然气息，多了一丝时尚摩登之感。亚光的灰砖将木色的家具衬托得更加质朴自然。

借鉴技巧 使用木色家具是表现自然清新风格的不二之选，展露出木材本身的纹理，将雕琢的自然之景融入其中。运用少许的对比色能激发空间活力。

用白色灯笼灯强调禅意的韵味，原木色家具透出自然气息。

木质家具来源于自然，将淳朴带入室内，鸟笼灯与花鸟挂画有诗情画意之感，植物的加入让空间充满活力。

富有设计感的家具传递出现代气息，墙面与顶面的线条使得空间更加精致优雅，背景墙的装饰线条更丰富了空间的内容。

大量引入现代元素使得中式的基调中更加富有现代气息。色彩鲜艳的座椅活跃了空间气氛，麻质的壁纸增强了质朴自然感。

素雅的环境色营造出温馨舒适的氛围，深色家具将色调沉淀下来，活泼的橘色点缀其中，点亮了整个画面。

在色调沉稳的空间中点缀少许跳跃的色彩，使空间呈现出不一样的视觉感受，可以在座椅软垫、挂画与桌面植物的装饰中引入。

BATHROOM
卫浴

高低错落的浴室柜区分了成人与孩子的使用区域，使得父母能够与孩子一起享受生活的种种细节，提供了良好的使用感受，增加了生活情调。

借鉴技巧

在设计卫生间时，考虑到孩子的使用便捷度，以及为父母与孩子创造相处的机会，创造生活中的小情趣。

马赛克拼花营造出荷塘月色的氛围，地面的石材好似池塘边的鹅卵石小径，墙面的装饰鸟笼使得整个空间都生动起来，仿佛能够听到清脆的鸟鸣、潺潺的水声。

将墙面与地面连成一个灵动的场景，整个空间好似一幅连贯的画面，用装饰来点亮整个空间。

卫生间不仅能够提供功能，同时还能起到装饰作用。悬空的抽屉能够容纳一部分杂物，桌子上方的镜子好似一幅流动的画面，两旁的壁灯营造出浪漫的氛围，整个干区好似一个小玄关。

在不牺牲功能的同时将美观发挥到极致，将卫浴空间的功能性与干区的美观性完美结合，满足双向需求。

灰蓝色的砖石由墙面延伸至台面，孔雀蓝色的台上盆和古旧风的水龙头诉说着岁月的痕迹，呼吸间仿佛回到了江南水乡的青瓦白墙边。

明确想要营造的空间氛围，将与氛围相融合的物件植入空间，同时采用与主题相符合的色调来呈现空间。

地下室的光线十分微弱，此时白色的地砖与软饰起到了良好的点亮空间的作用。屏风、镜框与浴室柜带来了清新自然、简约纯净的中式风情。

想要营造中式风格的时候，可以考虑加入简约风格的传统中式家具。白色的家具更能呈现出新中式的优雅风情。

卫生间的顶面没有选用传统的现浇手法而是做了玻璃顶，享受泡澡舒适感受的同时拉开窗帘就能够看到漫天星空，丰富了生活情调。

摈弃固定思维模式，打破空间的局限性，将室内与室外环境融为一体，在设计中考虑更多的情趣空间。

西式的浴缸在这里转变成了中式传统的泡澡盆，仿佛回到了儿时坐在盆里戏水，母亲在一旁慈爱地笑的时光。

用某些物件传递传统的生活方式、唤起美好的生活片段，将这些物件植入现代感的空间中更能体现文化的传承与韵味。

咖色与黑色穿插的石材与硬朗的木质线条屏风时尚感十足，独特的浴室柜设计成为整个画面的亮点，宛若溶洞中的钟乳石造型，极具原始的粗糙感。

在平淡的空间内用某一个独特的物件来吸引注意力，点亮整个空间，丰富画面感的同时增加了视觉焦点。

白色花纹的大理石由墙面延续至台面，侧边隐约能够看到规则的中式花纹，绿色的台盆好似琉璃般通透流转，每一处都透着精致婉约。

保持空间色调的和谐统一，在某一处运用跳色来丰富画面。简洁的硬装环境处理，能够包容非常丰富的软装色彩与装饰。

浅灰色的石材与棕黑色木材被大量运用，摈弃多余的线条与装饰，整个空间显得非常时尚简约。浴缸侧边大理石背景墙增加了两条灯带，气氛因此变得更加柔和静谧。

在想要营造时尚简约的氛围时，可以选用浅灰色系来表现空间，黑白灰的对比更能拉伸空间的层次感。

浅灰色的石材墙面与深木色的家具加深了整个空间的层次感，简约设计的门环、古色古香的太师椅、镂空花纹的方几，流转着传统中式的韵味。

将传统的家具与装饰元素植入空间，能够更清晰地感受到中式情怀。深色调与浅色调的搭配更凸显了空间的层次感，加深了空间的哲理性。

鉴于卫生间的面积比较大，马桶与淋浴都各自隔开，私密性得到了保障，同时顶面也采用了更复杂的线条装饰来丰富空间的层次感。

在卫生间面积较大的情况下，可以在墙面或者顶面上做一些层次，会让相对空旷的空间显得更有内容、画面更加丰富。